进入神秘的热带雨林，
探索无尽的自然奥秘

马来西亚的塔曼尼加拉雨林是世界上最古老的热带雨林，也是人类文明一直无法触及的未知世界。1.3亿年来，无数的动植物都在这里繁衍、生活，其中有大象、野猪、老虎、红毛猩猩等大型野生动物，还有多达300余种的鸟类、约300万种昆虫、8000多种的植物等，组成了既神秘又丰富的生态系统，并且未曾遭到人类的破坏。目前，马来西亚已经将这里列为国家公园，让这片土地成为各种动植物的保护区，也呼吁马来西亚原住民保护他们的家园。而且，自从设立了国家公园后，人们可以在有限的范围内和尽量不影响当地自然环境的前提下，近距离地欣赏雨林之美了！

可惜，其他地区的热带雨林却面临着被破坏、被过度开发的危机，甚至每天都有相当于数个足球场大小的热带雨林被砍伐。热带雨林的迅速减少，会使依赖雨林生活的动物因失去栖息地而灭绝，地球也可能因此出现气候异常，例如干旱、洪水、温室效应的多发与增强等，这些都会使人类的生存环境更加恶化。所以，除了塔曼尼加拉以外，还有更多热带雨林需要人类保护！

　　我们必须深入了解有关热带雨林及各种自然常识，才能够对人类绝对无法重建的大自然心存敬意，也必须更坚决地对走私动植物的盗猎者说"不"。我们要爱惜每一张纸、每一支铅笔，尽自己所能保护好包括雨林在内的自然环境。

　　小朋友们，快点跟着导游一起进入神秘的热带雨林，探索无尽的自然奥秘吧！

小 志

爱吃、爱睡、爱恶作剧,胆小懒惰,无法抵挡食物的强大吸引力,具有强烈的好奇心,在热带雨林旅行中没有一天不闯祸,是个"闯祸大王"。

身　份 小学六年级学生
目　标 像泰山一样,成为帅气的雨林男儿
参与动机 雨林男儿前往雨林, 这是理所当然的

新 明

小志的叔叔,为人吝啬,脾气很坏,唯一的优点是在面对紧急状况时,仍能沉着应对,是个勉强合格的叔叔。

身　份 生态摄影家
目　标 尽快找到理想的结婚对象
参与动机 拍摄罕见的大王花

跆拳道黑带,是个善良懂事、聪明伶俐的少女,虽然常因为胆小而掉眼泪,不过坚毅的个性是她能完成雨林探险的关键!

身　　份	小学六年级学生	
目　　标	成为新明叔叔摄影作品中的模特儿	
参与动机	前往未知的雨林探险,一定很有趣	

艾美

热爱马来西亚文化与自然,具有渊博的热带雨林知识。心地善良,性格随和,但对于违反安全守则的人,会毫不留情地发火!

小蓉

身　　份	雨林导游	
目　　标	保护野生动物的家园	
参与动机	这是导游的本职工作	

目　录

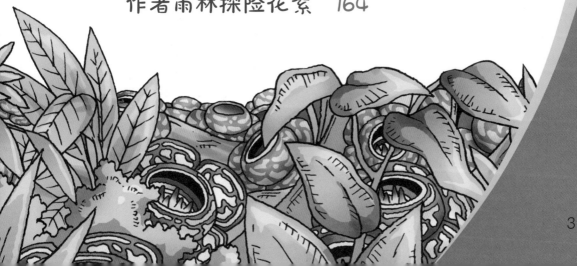

第一章

行前准备

啊，叔叔来了！

这张照片是在非洲撒哈拉沙漠拍的。

好厉害啊！

叔叔，祝你展览顺利！

小志，你来啦！

哇，你对侄子好亲切呀！

新明先生好像很喜欢小孩呢！

呵呵！

只要在那些姐姐面前讲你的好话，你就会买游戏机给我，对吧？

二手的也算哟！

这跟约定的不一……呃……

知道啦！知道啦！

呵呵！

捏王

3

叔叔好！我叫艾美。

你是小志的同学吧！请随意参观！

你叔叔真的好帅哟！

那也只是外表啦！

真的很帅吗？哼！

他一个礼拜才洗一次脸,好几个月才洗一次澡。

不但长年便秘,还是个吝啬鬼！

好恐怖！

砰

啊

这是担任生态摄影师不得不面对的……

还不仅如此呢！

闪开

他超级没礼貌,年过30还未婚,起码失恋了20次……

没有哇！

这是他开玩笑的！

您下次的摄影主题是什么呢？

我已经决定要到马来西亚雨林拍摄大王花了！

要不要我当你的模特儿啊？

你这是贿赂吗？

大王花是世界上最大的花,直径约 1 米,重约 8 千克……

听说是会散发腐臭气味的稀有植物。

走开！

据说,马来西亚的塔曼尼加拉雨林内常有大王花群落地,我一定要拍到它！

呜

那是利用腐臭气味来吸引苍蝇传递花粉,以便进行繁殖啦！

哇,那一定很壮观！

叔叔,带我去啦！

还有我！

啊？

热带雨林里潜伏着各种毒蛇猛兽,非常危险吔！

小孩子不可以去！

7

高温多雨的热带雨林

热带雨林分布在赤道附近，气候呈现高温多雨的特点，一年当中没有明显的四季变化，平均气温多维持在 23℃~26℃，年平均降雨量在 1500~3000 毫米，山地可达 6000 毫米。热带雨林的面积约占地球表面积的 2%，却是地球氧气的主要来源，负责供应地球新鲜的氧气，被喻为"地球之肺"。此外，地球上的生物有一半以上生存在热带雨林里，因此也孕育出地球上最大的生态系统。有代表性的热带雨林区有马来半岛、加里曼丹岛、新几内亚和亚马孙等。

神秘的大王花

大王花也称为大花草，属于大花草科，产于马来群岛，是世界上最大的花，开花时直径约 1 米，重量可超过 8 千克。最特别的是，这种花本身竟然没有根、茎、叶，而以寄生于其他植物的方式生存。大王花的花期很短，开花后 3~7 天就会凋谢，一生只开一朵花；花的颜色为红色或紫褐色，上面还有斑纹。此外，大王花为了吸引苍蝇等昆虫为其传粉，会释放出一种恶臭气味，类似新鲜牛粪或是腐肉的味道，当地人称之为"尸花"或是"腐肉花"。

大王花

什么是疟疾

疟疾是由疟原虫引起的一种疾病,是世界上最常发生的急性传染病之一,每年全世界有 3 亿多疟疾患者,其中 100 万 ~200 万名患者会因此而死亡,疟疾是相当可怕的一种传染病。感染了疟疾的患者会先感到寒冷,之后开始发烧,体温能有 39℃~41℃;经过 2~3 小时的严重高烧后,人会

中华按蚊 会在吸血时传播病毒

大量流汗,并伴有头痛、口渴、全身无力等症状。这些症状会反复出现或引起并发症,严重时甚至会致命,死亡率高达 30%。

如何预防疟疾

预防疟疾的最好方法,就是避免被蚊子叮咬,例如使用蚊帐、在蚊子活跃时(特别是黄昏和夜晚)减少外出,若外出要穿长袖、喷洒防蚊液。此外,前往非洲、东南亚及中南美洲等疟疾疫区时,应该提早服用预防药,并在旅行结束后继续服用 4~6 星期,这样才能降低被疟疾感染的风险。

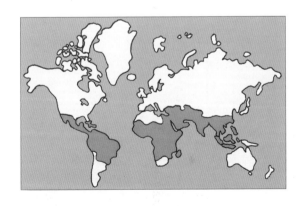

疟疾
危险地区

第二章

泥泞的河口

我也要去!

哇,总算抵达马来西亚啦!

比想象的要凉快吧!

但是湿度大,只要稍微一动就会流汗!

这么晚了,搭出租车去饭店吧!

啊?

吝啬鬼叔叔竟然要搭出租车?

这一定是在做梦!

得赶快清醒才行!

啊啊

这小子……

咚咚

请载我们去五星级的皇宫饭店。

五星级的饭店？

其实我一点也不吝啬啊！

哇，这下要对叔叔另眼相看了！！

反正3个人的机场巴士车费和出租车费差不多……

这附近怎么都没有建筑物？

噗噗噗噗

因为机场离首都吉隆坡还有一段距离啊！

吉隆坡的原意是"泥泞的河口"呢！

哪有人取这种名字？

马来西亚是热带气候，拥有众多雨林与湿地。

一年到头都是夏天，每年10月到下一年3月的雨季，还会降下丰沛的雨水。

而马来西亚人是由马来人、华人、印度人和土著等多样人种所组成的。

从 16 世纪开始，被葡萄牙、荷兰、英国统治了 400 年，于 1957 年才独立。

100个国家的100个故事

天哪，被殖民 400 年啊！

别照着书念啦！

这里以前是贸易的中心，由于地理位置重要，所以才会被殖民。

因为曾是英国的殖民地，所以才会同时使用马来语和英语。

艾美真会举一反三啊！

厉害！

TAXI

呼噜噜

只要一坐下就开始睡！

小志，起来啦！快到了！

还想睡！

到了吗？

哇，你们看！

这栋大楼好高啊!

啊,那位小姐穿着传统服饰吔!

不能用手去指啦!

啊呀呀!

咬

很高吧!这就是吉隆坡的双子星塔。

在马来西亚,被人用手指指点点可是莫大的侮辱吔!*

你不能用嘴说吗?

哇,总算到了!

五星级饭店的入口果然不一样!

*在马来西亚不可以用食指指人,若要指示方向也只能用拇指。另外,与马来人打招呼、握手等只能用右手。

我的饭店美食呢？

拿去！饭店口味！

饭店美食

啪

我的豪华床铺呢？

在这儿啊！

艾美豪华床铺

这跟在雨林里搭帐篷比起来，简直是天堂吧！

吝啬鬼叔叔，果然非常吝啬！

哈哈哈

呜

呼噜噜

射门！得分！

呃啊！

砰

咕噜

怎么办？肚子好痛！

咕噜

马来西亚

马来西亚位于赤道北纬 1°~7°，由马来半岛的西马来西亚和位于加里曼丹岛北部的东马来西亚所构成。马来西亚属高温多雨的热带雨林气候，年平均气温约27℃，年平均降雨量约 2500 毫米。

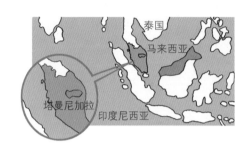

马来西亚属于多民族的国家，人口3000 多万，其中马来人和土著人占 58%，其次为华人，还有印度人、巴基斯坦人和泰米尔人等。该国虽然以马来语为官方语言，但华语和英语也通用。马来西亚是实行君主立宪制的国家，而且以伊斯兰教为国教。不过，马来西亚的最高元首并不是世袭或终身的，而是由代表 9 个州的世袭苏丹(在伊斯兰教历史上类似总督的官职)以 5 年为一期的任期，轮流执行最高元首的职责;最高元首拥有立法、司法和行政的最高权力,以及任命总理、拒绝解散国会等权力。

双子星塔 位于首都吉隆坡的双子星塔,是马来西亚的标志性建筑之一

马来西亚历史

　　马来西亚自古以来就是往来欧洲与亚洲的交通要道，聚集了东西方各国的商人，由于其地理位置特殊，因此过去有很长一段时间它都遭受强国侵略。从1511年开始，马来西亚便被葡萄牙占领，1641年后又遭到荷兰进攻，从1786年开始被英国统治，直到第二次世界大战后，马来西亚人才成立统一组织，并于1957年取得独立，成为现在的马来西亚联合邦。

马来西亚风俗习惯

　　马来西亚虽然认同宗教自由，但他们主要信奉的是伊斯兰教，因此小朋友如果到马来西亚旅行，一定要避免触犯伊斯兰教的戒律。

握手或传递物品时要用右手，因为他们认为左手是不洁的。

伊斯兰教徒不吃猪肉，可别招待人家吃猪肉啊！

不要抚摸幼童的头，他们认为这样会污染幼童的灵魂。

拜访寺院或住家时，一定要先脱掉鞋子。

第三章

深入雨林

出发

好想去饭店大厅吹冷气啊！那个雨林导游真慢吔！

热啊！

这么热你也睡得着啊！

起来,你这个"大便童子"！

呃啊！

侄子打瞌睡,叔叔到处看漂亮女生……

难以信赖……

好可爱哟！

不好意思……

嗯?

请问,你们是从韩国来的吗?

噢,对啊!

小姐愿意和我去喝杯茶吗……

呃,是这样的……

我就是雨林导游——小蓉。

你就是导游?我以为导游是男生呢!

居然能和这么漂亮的女生一起去雨林……

真是太幸运了!

谁要跟你!

孩子们,快打招呼!这位是我们的导游——小蓉!

小蓉姐好!

微笑!

你们好啊!

我车子就停在那边,请跟我来。

房子的地板不落地呀！
无聊时可以看看风景啊！那里有栋马来西亚的传统房屋呢！
那是高脚式建筑，这种建筑可以帮助热带地区的居民避开害虫和湿气！
那里有个圆圆的屋顶吔！
我好像在吉隆坡市内也看过……
噗
那是清真寺，是伊斯兰教徒阅读古兰经和做礼拜的地方。
不过，我不是伊斯兰教徒。
附近有好多椰子树呢！
我想吃……
叔叔，我肚子饿……
你怎么只要一看到吃的就肚子饿啊？
咕噜噜……
还真自觉！
先去附近的加油站加油吧，那里有很多不错的露天餐厅呢！
咕噜

呀呼！
吃饭，吃饭！

噗—

只有这时候才有精神！

中国餐厅应该比较合我们的胃口。

我要大排骨！

什么排骨！你只准点卤肉饭！

啊！

小蓉你尽管点，别在意价钱哟！

抗议！这是待遇不公！

为什么这里有这么多餐厅啊？

这是因为此地的游客比较多，所以餐厅和摊贩也比较密集啊！

如果是嫁给我，我一定会亲自做三餐给她吃的。

千万要把握机会呀！

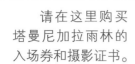

请在这里购买塔曼尼加拉雨林的入场券和摄影证书。

在雨林里拍照也要收费啊?

那是养护雨林的经费!

我们接下来要搭 3 个小时的船,先上个厕所吧!

正想去上!急死我了!

* 仙:马来西亚货币单位 sen 的音译,40 仙约等于 1 元人民币。

什么,上个厕所也要收 30 仙*?

收了钱居然还不给卫生纸?

卫生纸请另外购买!

算了,我快尿出来了!

叔叔,我真的很急呀!

那……给我报纸好了!

哇,好长的船啊!上面还有遮阳的屋顶呢!

可是你看河水……

河水好混浊,而且水流又急!

要是掉下去,肯定会没命的……

哇,这船还是用马达发动的吔!可以让我试试吗?

当然不行!

这是铁皮屋顶呢!

拜托你别捣乱,安静坐好啦!

还有救生圈吧!

我准备好了!要出发啰!

等等!

又怎么啦?

出发前当然要先照张相啊!

古老的热带雨林——塔曼尼加拉

马来西亚塔曼尼加拉国家公园中的热带雨林是有 1.3 亿年历史的原始森林,珍贵的自然环境至今尚未遭到严重破坏,目前是马来西亚最大的保护区。1925 年,这里被指定为"大汉山野生动物保护区",后来又改名为"乔治五世国家公园";1957 年马来西亚独立后,才正式改称为"塔曼尼加拉国家公园"。塔曼尼加拉国家公园中有 2000 多种树木、5000 多种各式花草,并有大象、老虎、水牛、马来貘、红毛猩猩等大型野生动物。此外,鸟类也超过 300 种,昆虫更有 300 万种以上,其生物的多样性与丰富性令人叹为观止。

塔曼尼加拉的入场券和摄影许可证 为了筹措保护雨林的资金,进入国家公园内参观或摄影都须付费

而连突码头 而连突是塔曼尼加拉雨林的入口,要进入雨林就得从这里搭船

平均河宽有100米,最宽超过200米……

等一下我们就要进入河两岸的茂密雨林了!

噗嗒嗒嗒

那些树木怎么长得这么高啊?

因为它们如果长得不够高,就会被遮住而晒不到太阳啊!

我想要拍鸟,可以先靠岸吗?

马达声太大,鸟是不会靠近的。

噗嗒嗒嗒

为什么这里的水这么黄啊?

你不知道?

那是因为鱼群在河底开运动会,所以河水才会变黄啊!

你少丢脸了!

那是因为河水溶化了岸边泥土的关系啦!

乌云密布，看了还真令人担心！

可是这样很凉爽啊！

是"雷暴"！

唰啊啊啊啊

轰隆隆

哇！

雨林里因为有树木散发的水分，所以水汽较多。

雷暴？我们会不会死在这里？

胡说八道什么！

未免想得太多了！

雷暴是常发生在热带地区的风暴，并且会伴随猛烈的阵雨！

真是啰唆！

这些水汽上升后会变成雨云，所以下雨的几率会比其他地方高！

不过这里的居民们已经习惯这种大雨，所以才不带伞呢！

唰 啊 啊 啊

34

塔曼尼加拉度假村的码头就在前面了!

搭了3小时的船,头好晕啊!

这里会摇晃,小心点!

哇!

摇晃

为什么上岸了还会晃动啊?

因为这些建筑都是建在水面上的啊!

这样运输、交通都比较方便。

我懂了!加高地板就是为了避免淹水吧!

累啊!

呜哇!雨林里居然有这么现代化的度假设施!

还有餐厅和咖啡馆呢!

叔叔，我们在这里住一晚嘛！

干吗装可怜呀……

嗯！

干吗？

是不是要手牵手一起去度假村？

呀呼！

钱！

只要有钱就睡在这里！

我就知道！

那干吗来这里啊？

当然是这里有可以参观的地方，才会到这里来啊！

是什么？

就是建筑于树木之间的森林吊桥栈道。

叔叔的嘴巴虽然坏了点，不过很为你们着想啊！

叔叔，谢谢你！

咳！

哇，一定很壮观！

叔叔果然是最棒的!

事实上是为了表现给小蓉看的啦!

叔叔的行李就交给我吧!

在雨林里因为湿度比较大,所以容易流汗!

吃完饭后,赶紧进帐篷睡觉吧!

啊,好痛!

怎么啦?

啪

好痒!

我被蚊子叮啦!

嗡

可恶!你们干吗一直跟着我?

看来蚊子也知道谁比较臭……

嗡——

啪

哈,抓到了!

哈哈哈,你以为吸了我的血后还逃得掉吗?

20分钟才抓到一只,有什么用?

这家伙好大啊!应该是公的吧?

笨蛋!会吸血的蚊子全都是母的啦!

拿开啦!

母蚊子为了产卵,所以需要大量养分,

它们在吸完血、摄取了养分后,才能顺利产卵哟!

啊?

也就是吸了我的血后,蚊子数量就会增加了?

现在不是雨季,没有这么多适合产卵的水坑,你放心吧!

不要再弄乱行李了!

我是以防万一嘛!

啊

快!喷一下防蚊喷雾!

这个笨蛋倒是挺会照顾自己的!

哧哧

什么是雷暴

雷暴是指由积雨云所产生的短暂风暴，雷暴发生的时间虽短，却会伴随着闪电、打雷以及强烈的阵风和猛烈的大雨。赤道和热带地区由于大气对流猛烈，因此很容易发生雷暴，尤其在热带雨林中，空气的平均湿度可达 90%，因此更容易形成积雨云，从而导致雷暴发生。

雷暴的乌云 雷暴发生时会在短时间内降下大量的雨水，有时甚至会发生冰雹和龙卷风

蚊子为什么要吸血

会吸食动物血液的蚊子，都是进入产卵期的雌蚊，而雄蚊则以吸食植物的汁液或花蜜为生。雌蚊吸血是为了获取产卵时所需的养分，因此雌蚊会吸食比自己体重重 2~3 倍，也就是 3~10 克的血液后，再分 3~7 次产卵，每次产下 100~200 个卵。蚊子的嗅觉器官相当敏锐，动物的气味、体温、呼出的二氧化碳等都会吸引正在觅食的蚊子，即使远在 10~20 米远的地方，蚊子也能够侦测得到。

那简单!来个柔道摔吧!

啊

我投降,投降!

你们快点过来吃早餐吧!

吃饭喽!

拉我一下啊!

今天的行程是什么?

去参观森林吊桥!

大约走1小时就到了,森林吊桥是连接在树与树之间的摇摇晃晃的桥!

嚼嚼

偷

我们要去参观的桥,离地面约有25米,长度有480米,是世界上最长的吊桥啊!

我怕高哇!

那是为了观察树木高处的动物而造的。

为什么才说两句话,我的饭就不见了?

谁叫你那么啰唆!

砰 砰

雨林王子来喽!

呃啊!

呜啊,好痛哟!

早跟你说地上有板根了!

真的!而且交错盘结,看起来好像蛇啊!

这种板根非常结实,而且会在地下延伸很远……

有些还会伸展超过50米呢!

呼呼 呼呼 呼

才走一点路,就已经满身大汗了!

这里一点风都没有,好热!

少说大话了！看看你那不断发抖的腿吧！

真是爱面子！

摇摇晃晃

抖

抖 抖

那是因为这里有点冷！

还……还要再往上面走呀？

太好了！前面就是最后一座了！

再往上走5米就到啦！

哇啊！

我不行啦！我要放弃！

艾美！

那我就先带艾美下去好了！

小瑶姐……

我看你也在这里放弃吧！

你已经脸色发青啦！

谁……谁要放弃啦？

49

没想到这臭小子还真是固执啊！

总不能在艾美面前表现出懦弱的样子吧！

别往下看，看着上面前进。

啊！

呃啊！

超级高！

呜哇哇！救命啊！叔叔救我呀！

你不是雨林王子小志吗？

桥被风一吹就摇摇晃晃的，好可怕啊！

别在那边大叫，快站起来走啊！

气死人了！又不能丢下你一个！

桥一直晃，我站不起来啦！

我背你！

叔叔，辛苦了！

最长的森林吊桥

　　森林吊桥栈道是塔曼尼加拉国家公园中最著名的景点，吊桥离地面25米，长480米，是世界上最长的森林吊桥，也是观察雨林的最佳路径。这座吊桥是由工人们爬到树上，用绳索一段一段连接起来的，总共花了两年时间才完工，而且整座桥没有使用一个铁钉或螺丝呢！

　　森林吊桥最主要的功能就是让人们近距离观察雨林中的特殊生态，因此吊桥中设有转接站，方便人们休息或观察松鼠、长臂猿、鸟等动物或野生兰花等植物。

森林吊桥 人工建造在树上的空中观察走廊

转接站 方便人们歇息或是观察动植物的地方

雨林中的树木

高耸的树木 雨林内的某些树种为了接收更
多阳光而拼命长高,成为雨林中的最高层

钻出地表的根部 树木为了摄取更多的养分,
根部常钻出地面,并延伸至数十米外

三角形的板根 许多高耸的树木
会长出三角形模样的板根,以便
紧紧地抓住地表,撑起树身

第六章

披荆斩棘

拔不下来了!

我们现在要前往位于塔曼尼加拉雨林里的 Orang Asli 村,去寻找知道大王花群位置的原住民。

Orang Asli?

Orang Asli 就是马来西亚原住民的意思。

该不会是食人族吧?

虽然没有食人族,不过却有被称为猎头族的伊班族(Iban)。

猎⋯⋯猎头族?

他们把收集头颅当作是勇猛的证据,所以才被称为猎头族!

我要回家了!

我跟你一起走吧!

雨林游览须知：绝对不准单独行动！

我只是想过去一下而已嘛！

在热带雨林中迷路，那就等于死路一条啊！知道吗？

如果不小心脱离队伍，就必须大声求救或生火当作求救信号。

叔叔笨蛋——

千万不要任意移动，要在安全的地方等待救援。

救命啊！

假如非得移动不可，就应该沿途折断树枝或绑上绳子等做记号，才容易找到来时的路。

快记下来！

记了，真啰唆！

天色再暗一点，动物们就会过来舔盐石了！

啊，还有小鸟吧！

到底要等到什么时候啊？

打哈欠

啊！来了！

是鹿吧！还有小鹿！

好可爱！

那是水鹿，是有三权角的野生鹿。

头上没有角，应该是母鹿吧！

咔嚓

为什么鹿知道这里有盐石啊？

除了利用本能的感觉寻找外，鹿妈妈也会跟鹿宝宝说啊！

到热带雨林探险应该注意什么

◆随身携带开山刀、照明器具、防水火柴、急救包等,以备不时之需。

◆夜晚由于视线不良,而且会有夜行动物(特别是猛兽)出没,因此不要离开营地。

◆千万不可单独行动,如果不小心脱离队伍,应该大声喊叫或生火,好让其他人知道自己的位置。

◆由于雨林中的湿度和温度都比较高,活动时非常消耗体力,因此行动时要量力而行,不要贸然前进。

◆不可随意摘食雨林中的果实,除非动物会去食用的果实。

◆不可饮用未煮沸的水,万不得已时也应该选择饮用流动的水,如河水、溪水。

◆雨林常会突然降下暴雨,使河水在转眼间暴涨,因此下雨时尽量不要勉强横渡溪流,并避开可能发生洪水的地方。

救……救命啊!

盐有什么功效

    盐是人体中氯、钠的主要来源，维持着细胞内外体液电解质的平衡。而钠和神经细胞的信息传递、肌肉收缩、水分调节、血压控制和内分泌等有密切的关系。如果我们的身体大量失水（如腹泻或流汗），体内的钠也会随之流失，很可能会造成腿部抽筋、全身无力等症状。

    人类在日常生活中摄取盐分的渠道很多，所以多半没有缺乏盐分的问题。然而，一些植食性哺乳动物如水鹿和大象等，它们的食物中缺乏盐分，因此就必须舔食矿物盐（如盐石）来补充身体所需的盐分。

第七章

遇见眼镜王蛇

雨林里的温度和湿度都高，所以伤口容易发炎,得先治疗才行！

正好！我也累得走不动啦！

才刚开始就喊累，真是没用！

我们又不是大人！

叔叔真无情！

还是猴子好，吃了睡、睡了吃,真舒服！

吱吱

那你下辈子投胎当猴子好了！

咦,那是什么？

什么？

你看猴子坐的树枝！好像有东西在动……

啊,那是蟒蛇！

蟒蛇？

它就要捕食猴子了！

67

唰
啊

吱吱！

蟒蛇把猴子缠住啦！

嘎嘎

这样能让猎物窒息，然后就可将猎物吞食！

吱吱嘎嘎

啊！

吱吱

我不要看！

咕嘟咕嘟

这么大的猴子居然在转眼间就被吞下去了！

害我紧张得都忘记呼吸了！呼——

咔嚓

喀嚓

猴子好可怜哪！

雨林是弱肉强食的世界，弱小的动物被捕食是自然法则啊！

心跳好快啊！

那我们会不会有危险？

可能会遇到毒蛇，不过不用担心啦！

毒蛇？

塔曼尼加拉雨林约有 140 种蛇，其中只有 17 种是毒蛇。

这里最恐怖的是体积庞大的眼镜王蛇，身长有 3~5 米呢！

哇，这么大？

惊吓

它会竖起上半身，发出呼呼的低吼声，要是被它咬到，毒液马上就会扩散至全身。

蛇在雨林中无声无息地移动，再加上有保护色，即使在 1 米内，人的肉眼都很难察觉到蛇的存在。

叔叔，拜托你把这个拿给我妈！

这是什么时候写的？

遗书

快出发吧！要在明天抵达原住民村落，就得加紧脚步了！

叔叔，我想尿尿，能不能陪我去？

胆小鬼！

吼吼！

哟哟哟

啊！

奇怪……摆出攻击姿势却不移动？

啊，对了！

四周覆盖着稻草，它一定是正在孵蛋啦！

叔……叔叔，小声一点哪！

噗噗

它以为我们要侵犯蛇蛋，所以才会做出威胁动作，它们的母爱很强烈呀！

那不是更危险了吗？

不！它不会离开窝发动攻击的，我们慢慢向后退吧！

等……等等我啦！

悄悄

悄悄

啊啊啊啊啊

什么？遇到眼镜王蛇了？

有没有受伤？没事吧？

开玩笑！我可是男子汉小志吧！

在我前踢、后踢之下，它很快就夹着尾巴逃跑啦！

哇啊！真的？

吹牛大王

真不晓得夹着尾巴逃跑的是谁……

如果不先攻击蛇，或侵扰其领地，通常它们是不会摆出这种吓人的姿势的！

它应该是为了保护蛇蛋吧！

要是遇到过路的毒蛇，记得要用力跺脚哟！

它不会跑过来吗？

不，蛇嗅觉发达，对震动也很敏感，只要跺脚，它通常会避开，不会主动攻击人类！

世界上最大的毒蛇——眼镜王蛇

眼镜王蛇是世界上体形最大的毒蛇，身长有3~5米，性情凶猛，动作十分敏捷。它的毒液不仅量多，毒性也很强，人一旦被眼镜王蛇咬到，毒液便会迅速扩散至全身，包括血管、肺和心脏都会出血，通常约在一个小时之内就会死亡。眼镜王蛇身陷危机时，会发出"咝咝"声，同时面朝敌人方向，竖起身体，用以恐吓对方。恐怖的眼镜王蛇以捕食其他蛇类为生，也吃蜥蜴等小动物，并且有蜷伏在卵堆上孵卵的习性。

眼镜王蛇 是世界上最大的毒蛇，会将身体前部垂直竖起以恐吓敌人

世界上最长的蛇——蟒蛇

蟒蛇是世界上最长的较原始的蛇种，属无毒蛇。小型蟒身长就约有1米，大型蟒蛇的身长可达10米，而体形最长的绿森蚺和网纹蟒可能就是世界上最长的蛇了！蟒蛇在捕食时会先以缠绕的方式将猎物杀死，再整只吞食，最大能吞下小鹿、小山羊等，不过一般捕捉老鼠、鸟类和猴子等。蟒蛇的视力很差，但其眼和鼻孔之间有敏锐的温度感知

网纹蟒 分布于东南亚、菲律宾、印尼一带，生活在雨林、湿地与河流附近

器官，即使在漆黑的夜晚，也能准确地捕捉猎物。而且，它还有攻击人类的可能，是非常危险的动物。

在雨林中遇到毒蛇时怎么办

保持静止不动

毒蛇通常不会主动攻击人类，除非你不小心踩到它或是让它误以为你会伤害它时。所以遇到毒蛇时，最好先保持静止不动，再慢慢后退，迅速离开。

用力跺脚

蛇对震动相当敏感和警觉，因此只要身体一感觉到震动，它便会马上逃离。所以，如果你不想见到毒蛇，可以用力跺脚，提前发出信号，好吓跑它们。如果不慎与大型蛇遭遇，就尽快地悄悄离去，以免遭到攻击。

第八章

昆虫的天堂

出发！

好累呀！连续走了4天，全身都没劲了！

今天下午应该就会抵达原住居民村落，大家振作点！

叽叽

唠唠

吃一点，马上就会有力气啦！

哇，巧克力吧！

巧克力在体内分解后会形成容易吸收的葡萄糖，可让人感到体力充沛、精神愉快。

还是小蓉姐姐最棒了！

让我咬一口！

不要！

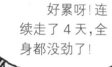
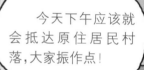

小志，你看你的脚！

哼，这一套对我没用哟！

呜哇，是蛭*！叔叔，快帮我拔掉啊！

这就是你独享巧克力的报应啊！

嘻嘻嘻

你的脚真的在流血啦！

蹦蹦跳跳

哎哟，你看它们吸饱血的样子，真肥！

哎哟！

好恶心，快丢掉哇！

听说蛭可以吸取比自己身体重3倍的血液。

拨

丢

啪嗒

哇，鱼群都聚集过来吃蛭啦！

噢噢！

啊……血还在流呀！

那是因为蛭唾液里的蛭素会让血液无法凝固。

扑通 扑通

*蛭：俗称蚂蟥，陆蛭生活在土壤湿润的地方，而水蛭则生活在有水的地方。无论是水蛭还是陆蛭都会分泌"蛭素"吸血。

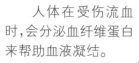

人体在受伤流血时,会分泌血纤维蛋白来帮助血液凝结。

而蛭素却会抑制人体制造的凝血物质。

在被更多蛭咬到之前,快离开这里吧!

等等我啊!

这叶子好大啊……

下完雨后,路上一片泥泞,好难走啊!

鞋子上都是泥巴了!

软软

黏黏

嘎

咔咔咔咔

啊?

快逃啊!

树要倒啦!

咔咔咔咔

咚

吓死我了!
树怎么会突然
倒下来?

坏蛋!
可恶!

这一定是
有恐怖分子要
谋害我!

这棵树因为
被白蚁蛀光了,所
以才无法抵挡大
雨而倒下的吧?

好恶心!
怎么有这么
多白蚁?

麻麻
密密

白蚁会在树木
内部筑巢,并且吃光
树木的主要成分,也
就是树木的纤维素。

难怪树
木里面都空
空了呢!

咔嚓

咔嚓

咦，那是什么？

那是大锹形虫的幼虫！

锹形虫会吸食树汁，并在枯木上产卵。

我看看！

啊，你们看！

哇啊，好大！

这是赤脚艳锹形虫，属于大型甲虫类。

摇动摇动

咬

呃啊啊！好痛啊！

它也叫"大力士"，大颚一旦夹紧了就很难松开。

这些锹形虫平常很少见呀！

是啊，雨林可以说是昆虫的天堂呢！

你看，这片落叶上还有螳螂呢！

哪里？

我什么也没有看见啊！

啊，看到了！

这是宽腹螳螂，它的颜色和树叶很接近，不仔细看是看不出来的。

这种保护色可以让它们不被猎物和敌人发现哟！

我也来找找。

这好像是在树林里找宝物啊！

雨林里居住着各式各样的昆虫，它们又被称为"雨林里的宝石"哪！

找到了！

艾美！

咦？

哇啊！

哈哈，吓坏了吧？

不过是蜘蛛而已，有什么好怕的！

那……那是毒蜘蛛……

妈呀！

丢

哇啊啊！

别乱丢呀！

这叫"金属蓝"，和塔兰托毒蜘蛛是同一种类。

别动啊！

唔唔——

不管是金属蓝或是锹形虫，它们的身价都很高啊！

养蜘蛛当宠物？恶心！

呃呃！我好像被蜘蛛咬到了！

被咬后虽会肿胀、刺痛，但还不至于丧命！

别装啦！

我也听人说过一种彩艳吉丁虫可卖到1000美元一只哪！

1000美元？

你该不会想抓昆虫去卖吧？

怎……怎么会！

瞪

恐怖的吸血生物——蛭

蛭俗称蚂蟥，属于环节动物，主要栖息在水池或水流平缓的溪谷中，少部分会栖息于湿润的陆地和海边，因此也可大至分为水蛭和陆蛭。蛭最特别的地方在于它们是属于雌雄同体的动物，因此每条蛭都可以产卵！由于蛭的唾液中含有麻醉伤口、抗凝血的蛭素，所以也常被应用于医药！

栖息于淡水中的蛭　蛭能吸取比自己身体重3倍的血液量

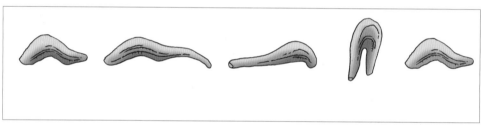

蛭的移动　蛭前后都有吸盘，它们在移动时，需反复将身体展开、弓起，才能往前移动

血液为什么会凝固

我们的血液中含有"血小板"，当我们因为受伤而使血管破损时，血小板便会聚集在破损的地方阻塞伤口，防止继续出血，并与"血纤维蛋白"共同形成"凝血块"，进一步堵住伤口，使出血口渐渐缩小，形成伤口上的"痂"。

雨林中的宝石——昆虫

　　塔曼尼加拉雨林中栖息着大量的昆虫,总共约有300多万种,包括手指般大小的锹形虫、让人误以为是鸟的蝴蝶,还有可怕的行军蚁等,这里简直就是"昆虫的天堂"!

皇蛾(又称帝王蛾)属于蚕蛾科,其翅膀展开可达30厘米,是世界上最大的蛾类

白蚁 会啃食雨林中的树木

南洋大兜虫 力气相当大,敌人无法轻易捕食它们

叶蝤 全身上下看起来就像是叶子的虫

第九章

拜访
原住民部落

啊！

Welcome to jungle.(欢迎你们来到丛林)

哇,真的是原住民吧!

你们好!

这样盛大的欢迎仪式,真是感激……

哇,是吹箭呢!

哇!

啊,这又是什么?

拜托,别捣乱,安静点!

啊呀呀!

少丢人了!

他们以部族为单位，过着群居的生活，现只剩10万多人，所以受到马来西亚政府的保护。

马来西亚原住民主要居住在雨林深处或山岳地带，以狩猎为生。

这里的房子也不在地面上吔！

这也是高脚屋的一种，好凉爽啊！

好想吃东西啊！酋长会招待我们吃烤乳猪吗？

啊，有人来了！

兴奋！

锵

锵

哇，这是什么味道？

竟然有大便味！

这可是营养成分很高的榴莲啊！

恶心

榴莲可是"水果之王"啊,只要吃过一次就难以忘怀!

吃吃看吧!

这简直就像狼牙棒,要怎么吃啊?

注视

咚

不吃好像有点……对不起人家嘛……

这可是人家诚心诚意替我们准备的,如果不吃,那就太失礼了!

我吃!我吃!

好恶心!

榴莲有很多脂肪成分,所以原住民都以吃它来补充营养呢!

吃?不吃?

酋长可是很有权威的呀!要是你惹他生气的话……

啪啪啪

真好吃!我第一次吃到这么好吃的东西!

喔喔!

他说既然你喜欢,就尽情享用……

呜啊

呼噜——

啊

呜呜呜

次日

吃了榴莲后，本来就比较容易打嗝。

不准你把嘴巴张开！

嗝

恶心，榴莲味！

何况你又吃了那么多……

对了，酋长已经把大王花群落所在的位置画成地图给我们了！

从这里大概得乘两天的船，再走上两天呢！

还真远哪！

不能多休息一会儿再上路吗？

酋长说我们休息两天再离开也没有关系！

好累啊！

哎哟，艾美，我们到村子四周去逛逛！

刚刚还在喊累，哼！

嗒嗒嗒嗒

他们会用竹子编篮子吧！

这是树藤的藤茎，因为它坚韧，所以是编制家具或工艺品的好材料呢！

你看，这是锡叶藤！这种叶子的背面比较粗糙，可以当作砂纸用呢！

哇！真的很粗糙呢！

咦？

刮刮

这是什么？能吃吗？

哇！

不行啊！这有毒啊！

毒……有毒啊！

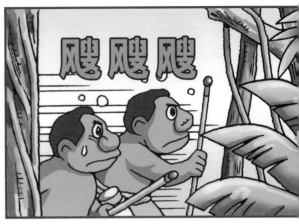

他们怎么能跑这么快？

雨林简直就像他们的后花园……

呼

怎么跟得上啊！

有猴子！

吱

看来他们是要抓猴子！

猴子在那么高的地方，怎么抓啊？

呼

呼

吹箭的毒针能飞到20米以外的地方呢！

20米？

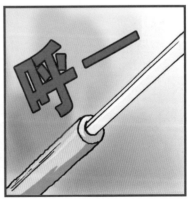

呼——

吱吱

啊,射中了!

已经过了好几个小时,我们居然连一只都没有抓到!

才抓几只就要回去了?

过度捕猎,会破坏生态环境的。

……

他们好像要回去了!

他说什么?

我刚说了大话,空手而回一定会被笑死的……咦?

转头

是鬃蜥吧!

正好,吹箭借我一下!

马来西亚原住民

　　"Orang Asli"泛指马来西亚的原住民,"Orang"是指"人类","Asli"则是"最初"的意思,因此也有"先到居民"的含义。这些原住民在 5000~8000 年前便定居在马来西亚,现在有 10 万余人口。他们在雨林深处或山上、海边过着狩猎、游耕的生活,生活贫苦,目前受到马来西亚政府立法保护。

原住民村落 位于雨林深处的原住民村落

原住民的狩猎工具——吹箭

　　吹箭是利用嘴巴将箭或针吹出以击中目标的工具,也称为"吹筒"或"吹管",是原住民的传统狩猎工具。吹箭以硬木制成,长度约有 2 米。箭管越长,箭越能准确地击中目标。原住民会在箭端或针端蘸上有剧毒的箭毒木树汁,让吹箭发挥更大的功效。

哎呀,失误!

雨林植物的妙用

藤本植物

藤本植物是热带雨林中相当常见的植物,其茎上面有刺,并有类似竹子般的节。在200余种藤本植物当中约有20种可用来制作椅子、篮子、绳索或席子等生活用品,应用相当广泛。

锡叶藤

锡叶藤的背面很粗糙,可用来磨光树木或家具,让家具变得更平滑,效果就像砂纸一样,所以也被称为"砂纸藤"。

榴 莲

榴莲在东南亚有"水果之王"的称号,它的表皮坚硬有刺,内部却有柔软的果肉。榴莲有种特殊的气味,有的人认为臭不可闻,有的人认为香气馥郁。榴莲的果肉含有丰富的维生素、微量元素和脂肪,营养和药用价值俱佳。广东人称"一只榴莲三只鸡",可见其营养价值之高。

哎哟,要逆着水流向上,真是累死人了!

手快抽筋了!

现在水流还算平缓,越往上游会越辛苦,做好准备吧!

哪有喘息的机会!

嘭 啦

咦,那是……

那是鱼鹰!是一种住在水边的鹫类!

它抓到鱼后就往天空飞去啦!

独木舟不会发出噪音,所以才能接近它。

它怎么能在这么混浊的水中抓鱼啊?

鹫的视力很敏锐,是人类的5至8倍。

在30米的高空,它都能看到稻穗掉在哪里!

哇,简直就是望远镜嘛!

叔叔,太阳好大,我们休息一下吧!

你以为你是来这里当指挥的吗?

还不快划!

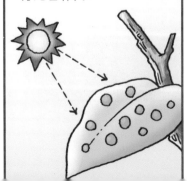

因为叶绿素是绿色的，所以树叶看起来才会是绿色的。

呼噜噜

这样也能睡着？

越往上游，河的宽度就越窄。

我们好像正在穿越绿色隧道啊！

咦，河水为什么会变成暗红色的？

因为越往上游，溶在水中的岩石中的铁元素就越多，所以河水才会带着暗红色啊！

好像红葡萄酒呀！

轰隆隆隆

又有乌云啦!

看来又要下雨了!

唰

唰

唰

我早就准备好了大塑料布,聪明吧!

为什么只有你有啊?

雨太大了,衣服都湿了!

唰 唰

唰 唰

奇怪,应该马上就会停啊!怎么还越下越大啊?

一定马上就会停了!

呃啊!

唰

水流好像也越来越急啦!

太危险了!船会被冲走的!

快把独木舟拉上岩石，要是被冲走就糟了！

轰隆隆

唰

唰唰

真险哪！雨差不多要停了……

啊，我还以为我会死掉呢！吓死人了！

滴

不过水流还是很急，想逆流而上根本就行不通。

哗啦啦

叔叔，好冷啊！

我快饿死啦！

好啦，那我们现在就先休息，明天再出发吧！

树枝全湿了,如果没有助燃的材料,根本就点不起来。

纸也湿了,没办法点火……

这不是现成的东西吗?

那不是酒精吗?

小心啦!

酒精不是很容易着火吗?只要将木材淋上酒精再点火就行啦!

啊,我果然是天才!

喂,火一下子就熄了!

怎……怎么会这样!

你做的事哪件不是这样?

不,一定是因为酒精不够多!

你以为酒精是油吗?

106

无论点燃什么东西，都必须给予足够的热量，让物质的温度达到"燃点"，物质才会燃烧。

酒精燃烧快，会瞬间就燃烧殆尽，根本就无法提供足够的热能让木头到达燃点。

你这是白费力气呀！

吵死了！！

酒精的燃点可是很低的！

现在怎么办？所有工具都派不上用场了……

我还有一个好东西。

咦，你那个石块可以拿来点火？

这是树脂，只是凝结得像石头一样啦！

哇，熔化后就点着啦！

噼里啪啦

这可是原住民的点火方法呢！

而且树脂熔化后，也可以填补独木舟渗水的地方。

用途好多啊！

噼里啪啦

什么是光合作用

光合作用指的是绿色植物获得能源的过程,植物在进行光合作用时,吸收光能,将二氧化碳、水和矿物质转变成富含能量的有机物,如葡萄糖等,并释放出氧气,而葡萄糖就是植物所需的营养。地球因为有植物进行光合作用,才有充满氧气的大气层和蓬勃的生机。如果光合作用停止,植物便会因为缺少能量而枯萎,进而使动物缺乏食物、空气中缺少氧气,如此一来,地球上的动植物很快就会灭绝,可见光合作用有多么重要。

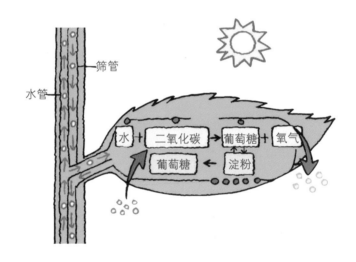

什么是叶绿体

树叶中的叶绿体是专门负责进行光合作用的细胞器,高等植物的叶绿体呈凸透镜形状,有些低等植物的叶绿体会呈现出各种形状,例如藻类的叶绿体就有板状、网状、螺旋状、星形和带状等多种模样!此外,由于叶绿体中含有大量的叶绿素,遮盖了其他色素,所以叶子看起来才会是绿色的。

怎样在雨林中生火

首先应该准备好引柴、柴火等物品，再寻找平坦且干燥的地点以利于点火。所谓引柴，就是一接触火即能迅速燃烧的易燃物质，例如劈成细条状的木柴、树枝的尾端、干草、植物的茸毛、鸟的羽毛等；燃烧则可利用枯木或干树枝等，此外也可利用草、动物的脂肪等帮助燃烧。如果不幸遇到下雨或是湿气较高的日子，可以用斧头或刀子削掉木头潮湿的外部，只使用内部的干燥部分来生火，会比较容易点燃。

什么是燃点

某种物质着火燃烧所需要的最低温度叫作这种物质的燃点。不同的物质有不同的燃点，燃点较低的物质比较容易起火燃烧，例如酒精的燃点很低，所以很容易起火燃烧，而木头的燃点较高，所以就不容易点着。

淋上水能使燃烧的木头温度降至燃点以下，这样火就会熄灭啦！

好臭啊！阿摩尼亚(氨)味！

第十一章

珍奇的
马来貘

可恶！水流越来越急，要前进还真困难呢！

唰！

哎哟，划了两天的桨，肌肉酸死啦！

捶捶

这是因为你平常运动不足吧？

快到了！我们把独木舟停到河岸边吧！

113

那……那边出现了一只怪物！

你先把裤子穿上吧！

哎呀！

我刚刚大叫，它又回到水里啦！

哪有东西？什么也没有啊！

它的脸长得像食蚁兽又像猪，身上还有像大熊猫一样的白色斑纹。

胡说！世界上哪有这种动物？

真的呀！它就是从这里下水的！

哗啦

呃啊！

出……出来啦！就是它！

甩甩

啊，那是马来貘啊！

运气真好，居然能见到珍奇的马来貘！

是啊，这可是很难见到的！

咔嚓

看来我们走进老虎的领地啦！

从这脚印的大小来看，至少是体长超过2米的老虎……

它应……应该不会偷袭我们吧？

老虎也是晚上狩猎的动物，现在还不要紧。

发抖

不过最好还是尽快离开这里，我们快走吧！

跑得还真快！

我担任前锋！

噼里

啪啦

吼吼吼

啊呜呜

嘎嘎

那是不是老虎的叫声啊？

那叫声还很远，你们别担心，快睡吧！

谁睡得着啊?

呜!人家想回家……

当初是谁说自己跆拳道很强的啊?

臭小子

虽然它们会避免接近人类,不过为了保险,我已经在四周点了好几堆柴火了!

辛苦你啦!

你们去方便时,记得一定要用土盖住排泄物,否则那气味可是会引来野兽的。

飘飘

咦?

怎么会有落叶?

是有猴子在树上吧?

是云豹啊!小志,快躲起来!

呃啊

它是生活在树上的、会捕食鸟类等动物的夜行性动物啊！目前已经很稀少了……

别靠近，不然我们一定会把你烧得哇哇叫！

吼 吼 吼

啪

跑掉了！

啊，幸好它没有真的扑过来！

光是看到它的眼睛，我就快吓死了！

云豹眼睛的晶状体有很强的聚光本领，会把黑暗中微弱的光聚起来再反射，所以看起来像是在发光。

夜行性动物特别是猫科等哺乳动物的眼睛都具有这种本领，在黑暗中也能把四周看得一清二楚。

珍奇的马来貘

目前貘科动物仅有 4 种，其中 3 种生活在美洲，只有马来貘生活在东南亚。马来貘是貘科动物中体形最大的，体重有 240~400 千克，以草、水果和树叶等为主食。它有着像大象和猪混合而成的鼻子、类似河马的身体和食蚁兽的长脸，生活在森林深处和沼泽等地，性格胆小而温驯。由于数量所剩不多，濒临绝种，所以急需保护。

马来貘 为夜行性草食动物，以水果等植物为食

为什么夜行性动物的眼睛会发光

在夜晚捕食的夜行性动物，都有一双会发光的眼睛。这是因为夜行性动物的眼睛后方有"反射膜"——虹膜，一些猫科动物的眼底还有许多特殊的晶状体，它们有很强的聚光能力，可以聚集暗夜中微弱的光线，而虹膜会将通过视网膜的光线再次反射回视网膜，让眼睛接受到加倍的光线，以方便在夜晚看清楚猎物或敌人的动静，这就是为什么夜行性动物能在光线微弱的夜晚活动自如哟！而我们夜间看到夜行性动物的眼睛时，通常能看到反射出来的光线，所以才会觉得它们的瞳孔好像会发光。

雨林中的珍稀动物

马来西亚的雨林中居住着数量庞大的动物，其中一部分已经面临灭绝危机，例如马来虎、水鹿等，急需人类的保护！

马来亚虎 居住在雨林深处，目前数量仅剩约 1000 头，正面临绝种危机

亚洲象 体形比非洲象要小，只有雄象有象牙，由于数量日渐减少，因此急需保护

苏门答腊犀牛 是全球体形最小的犀牛，由于人类滥捕滥杀，它已是犀牛中数量最少的物种

水鹿 夜行性动物，喜欢在水边觅食，善于游泳，所以被称为"水鹿"

金钱豹 栖息在亚洲与非洲等地，习惯夜间狩猎，捕食鹿与猴子等中小型动物

第十二章

中暑的威胁

喂！叔叔，今天怎么走这么快啊？

路比想象中的要险峻，再不快点走，大王花就要凋谢了！

我汗流浃背，头也快被晒晕了！累死啦！

没力气走却有力气唠叨！

艾美和小蓉两个女生可都没有抱怨呢！

呼呼

呼呼

这里的竹子约有 20 米高，都是一丛一丛聚集着生长的。

哇，你们看那竹子长得也太高了吧！

原来雨林里也有竹子啊？

它们发芽后，每天会长高 10~15 厘米，直到 20 米才会停止。

雨林里的植物都长得很大啊！

你看，这好像是被挖食过的痕迹呢！

是啊，像野猪这种动物就很爱吃笋子呢！

竹笋如果用肉片炒的话……好吃……

舔~

大嫂最拿手的就是炒竹笋啦！

大嫂，人家想要吃你煮的饭啦！

自己想办法吧！

乱喷口水！

好热，简直像在泡桑拿一样！

呼呼

呼

咦？

咚

艾美！

呼

呼

她的身体好烫呀！

该不会是中暑了吧？

脸色发白，脉搏微弱……应该是热衰竭！

什么是热衰竭？

呼呼

呼呼

热衰竭是因为患者的身体无法及时排除体内多余的热量所造成的，如果处理不当，会导致更严重的中暑！

啊！

咕嘟

咕嘟

咕噜 咕噜

艾美现在怎么样了？

把她头放低，四肢都靠着装有冰水的袋子后，体温已经降低不少了！

叔叔，你看，好多香菇哟！

不是叫你不要一个人到处乱跑吗？

艾美，我马上煮好吃的香菇汤给你吃。

不行，这些是毒蘑菇！

什么？

雨林里有许多有毒的蘑菇和其他植物！如果没有导游的允许，绝对不可以吃！

好有魄力！

跟我妈妈骂人的表情一模一样……

是……

何况雨林里根本找不到医院或是医生，随便乱吃是很危险的！

万一中毒,那就麻烦了!

来,喝一点吧!

这是什么?

这是用东革阿里的根熬煮的水,东革阿里被称为"神的拐杖",是很神奇的植物!

咕嘟

呃,好苦!

虽然味道很苦,可是却能消除疲劳、解热、抗癌哪!

幸好附近有,我才能摘来用。这可是原住民们珍贵的药用植物!

快放手啊!

你不知道凡事应该长幼有序吗?

我可是还在发育的小孩啊!

真是的!就算喝了对身体好,也用不着抢吧?

呼噜

呼噜噜

哎哟，又硬又窄，怎么睡啊！

生气

叔叔叫我席地而睡，自己却拿干草来铺地。

可恶……我绝对不会忍气吞声的！

呃啊，这是什么？

其实屁股上也有……

小志，这一定是你画的！还不快滚出来！

爱放屁

香港脚王

便秘王

嘻嘻

小气鬼

哈哈哈

巨大的竹子

竹子是生长迅速的植物，主要分布在东亚和东南亚，美洲和非洲也有分布，种类繁多，通常成簇状生长。雨林中的竹子因气候适宜，生长得更加快速，平均一天可长高10~15厘米，但到达一定高度后，便会停止长高，而开始加粗茎部。竹子的用途很多，幼笋可以食用，竹子茎部可以建房屋、做竹筏等，由于其弹性好、又坚固，在日本被应用为防震材料，是作用相当广泛的植物。

成簇生长的竹子 竹子最高可达40米，竹笋则为小型动物的食物

什么是热衰竭

热衰竭是在湿热的环境中过度运动时，因心肺功能无法及时调节体温所引起的，症状有极度疲劳、眩晕、出汗且发热、脉搏微弱、失去意识等。紧急处理方法是将患者马上移到阴凉的地方并不断补充盐与水分，以避免其中暑。如果因为无法及时治疗而引发中暑，则患者很可能昏迷乃至死亡！

第十三章

迷路的小志

水……水……

好点了吗？烧都退了！

休息后觉得身体好多了！

嘿咻

真是太好了，只要不要太累，应该就没问题了！

咦，剩下的肉干呢？

小志，臭小子！

咳

肉干

泡面

泡面没了，巧克力也没了！

刚才我好像看到小志拿走了什么东西。

131

艾美！叔叔——

呜呜！这里是哪里啊？我迷路啦！

我该不会就这样变成老虎的食物吧？

说不定会因为没有食物，最后饿死在雨林⋯⋯

不要！

啊

对了！小蓉姐说过，迷路时要把树枝折断，作为记号！

再绑上手帕，红色应该很容易被发现吧！

我从来没有像现在这么想念叔叔，呜呜！

天要黑了，这下糟了。

猛兽一到晚上就出来活动，会更危险的！

小志一个人一定很害怕，要是再找不到他……呜……

呜呜呜呜

别担心，我们一定会找到他的！

呜呜……小志……

拍拍

啊……天黑后更恐怖了……不会有猛兽出现吧……

是……是谁？是什么东西……

啊！

沙沙

转

抖抖抖

静悄悄

看来是我听错了！

呼

真是吓死我了！

哇啊，是熊啊！

靠近

走开呀！拜托你，快走哇！

呜呜呜！叔叔，我快死啦……

那边视野开阔,应该比较容易被叔叔发现吧……

咳咳!

刚摘来解渴的水果一定有……毒……

呼

呼

我不行了,我会不会就这样死掉……

小志啊…… 小志……

他好像已经精疲力竭，而且好像有吃了又吐的现象。快喂他喝水。

怎么办？水已经没了！

小志！你快醒醒！

嗯嗯

啪啪啪

啪啪啪

这里正好有个好东西！

啪

这叫扁担藤，它的茎部储存了很多水分。

哗啦啦

真奇妙啊，竟然可以流出这么多水！

是啊，这是野外解渴的应急办法呢！

137

叔叔……

小志，你醒啦？

算你走运，我发现了你折断的树枝！

小蓉姐姐顺着脚印才找到你的。

谢天谢地！

来，喝这个。

这是什么？

这是猪笼草，因为会聚集雨水，所以连猴子也会拿来喝的！

味道……有点怪呀……

有时原住民也会拿来当作消化剂。

咕噜

还有渣渣啊！

因为它是用捕虫囊捕食苍蝇等昆虫的食虫植物，所以有较酸的消化液！

什么

那……那不就是苍蝇腐烂的水！

苍……苍蝇！

恶心

会流出水的植物——扁担藤

扁担藤属于葡萄科巨型藤本植物，它们攀附在高大的乔木上生长，分布于雨林之中。小朋友看《泰山》电影时，不是常看到泰山从一棵树荡到另一棵树吗？泰山手上所抓的，就是这种藤蔓植物。扁担藤具有储水特性，而且储量相当丰富，通常1米长的藤蔓内有150~250毫升的水，所以是雨林解渴的最佳植物！

扁担藤　只要用刀砍断扁担藤，就可以喝到干净清凉的水

会吃动物的植物——猪笼草

猪笼草是有名的热带食虫植物，约有100种，各自以捕虫囊的大小、形态、颜色、花纹等来区分，并按不同地区保有不同的模样与习性，主要分布在马来西亚的加里曼丹，以及斯里兰卡、大洋洲等地。猪笼草长得很像花瓶，会一丛一丛地吊挂着，以香甜的花蜜引诱虫子进入捕虫囊。由于捕虫囊的入口非常滑溜，所以虫子一不小心就会跌入囊中，捕虫囊中具有分解蛋白质的消化液，因此能轻松地消化、分解虫子从而吸收其养分。

猪笼草　被香气引诱而失足跌落的虫子，会变成猪笼草的大餐

第十四章

巧遇红毛猩猩

呜呜

呜呜

艾美，你为什么哭哇？

怎么了？是不是小志欺负你了？

嗯嗯

叔叔把我这雨林最佳绅士当作什么啦？

应该是最佳闯祸大王吧！

这里没有功课，没有妈妈的唠叨，哪里不好？

你只要有吃的就天下太平啦……

嘻嘻嘻

大笨蛋

我没想到雨林探险会这么辛苦，好想回家呀！

呜呜 呜呜

这……这是什么？看起来好恐怖啊！

啊，是骸骨！

这是水獭的皮，这里可能是盗猎者遗弃的小屋！

好恐怖……

啊，那边好像有人！

谁？是盗猎者吗？

天哪，那是红毛猩猩！

能够看到野生红毛猩猩真是奇迹！

红毛猩猩因为和人太相似，所以有"住在丛林里的人类"之称呢！

咔嚓 咔嚓

嘎嘎！

它怎么了？好像吓坏了！

嘎嘎

它看起来好像很怕人类的样子。

啊，它逃走了！

该不会是有人把它的小孩给抓走了吧？

为什么？

因为可以将小红毛猩猩高价卖给有钱人当宠物！

好可怜啊……

会不会就是因为想念小孩而不愿离开这里……

过去的100年间，红毛猩猩的数量大约减少了91％。也许在不久之后就会绝种！

加里曼丹岛的原住民有个传说，认为红毛猩猩原来是会说话的呢！

真的吗？

骗人吧！

可是在人类进入森林后，红毛猩猩因为害怕被人类抓去当奴隶，所以才决定从此以后不再开口说话。

事实上，马来西亚每年砍伐约2亿平方米的山林，红毛猩猩们的栖息空间正在逐渐缩小。

天哪，那不是很糟糕吗？

山林是红毛猩猩生存的重要地方，所以一定要好好珍惜、保护呀！

保护山林就交给我吧！叔叔，给我卫生纸。

伸手

？

这样就保护山林啦？

树木要长得好，不是需要肥料吗？

只要用我的大便作肥料，它们就会长得又高又壮！

想去上厕所就直说嘛！

哇哈哈哈

卫生纸！拿去！

咦，只给一张怎么够啊？

飘飘

聪明的红毛猩猩

红毛猩猩在马来语中有"森林人"的意思，它们以果实或野生鸟类的蛋充饥，大多过着独居的生活。因为红毛猩猩聪明，性情又非常温和，所以常常被非法走私当作宠物；此外，由于主要栖息地被开发、破坏，因此目前数量只剩约 30000 只，有绝种的危机。

红毛猩猩 遗传基因有 96.4% 与人类相似，非常聪明可爱

热带雨林的破坏

热带雨林就像地球的肺一样，可以供给生物必需的氧气。10000 平方米的热带雨林能生产约 13 吨的氧气，这些氧气可以让约 45 个人呼吸一年。雨林不仅是大量野生动物的栖息地，而且还具有调节温度、防止土壤流失等重要功能，因此在地球环境中扮演着相当重要的角色。可是，目前还是有许多人不够了解雨林的重要性，热带雨林正被快速地破坏。在马来西亚，每年就有 2 亿平方米的热带雨林遭到破坏，而菲律宾的山林面积更是从国土面积的 70% 降到 25% 以下。人类如果以这种速度持续破坏宝贵的森林资源，那么地球的气候便无法保持稳定，生态便会不断恶化，台风、干旱、洪水等灾难就会更加频繁，更多的生命将面临绝种的危机，而人类自身也一定会自食其果，受到大自然最严厉的惩罚。

要是没有树木，我就不能呼吸，还会被热死啊！

从瀑布上往东方走，就能看到大王花的群落地啦！

哗 啦啦

你们看瀑布的水花，好像很可怕呀！

看

上坡路还挺陡的，大家小心。

别太靠近，小心掉下去！

过来

这边看起来一点都不深，可能还不到我的腰部呢！

嗯?

滚出

啊，我的摄影镜头！

那很贵啊！快抓住它！

滚滚滚

抓到啦!

是在上岸时被尖锐的石头给割伤了！

一点小伤，有什么好大惊小怪的！

哼……

哼哼

涂点口水就会好啦！

你好脏啊！要是好不了怎么办？

脏死啦！

放心吧！只要把这叶子捣碎涂上，就可以止血啦！

拔

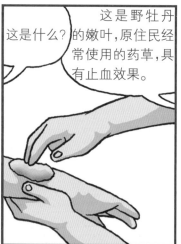

这是什么？

这是野牡丹的嫩叶，原住民经常使用的药草，具有止血效果。

把药用在这家伙身上简直就是浪费！

侄子受伤了，你这个做叔叔的难道一点都不担心吗？

无情的叔叔

153

光的性质

在一般情况下,光沿直线传播,真空中光的传播速度可达每秒约 30 万千米,不过在接触到不同物质时,光速也会跟着改变,例如在水中的速度就约为 22.5 万千米。

光的反射

光以直线传播,碰到物体表面时,会有一部分被反射回去,这种现象叫光的反射。反射的程度会依反射物体的透明度不同而有所不同,一般来说,金属的表面就具有良好的反光能力,例如镜子就是在玻璃上涂一层银制成的。

光的三原色

红、蓝、绿是光的三原色,如果把这三种光投射在一起,就会出现白光,这也是为什么我们看到的阳光都是白色的缘故。而其他有颜色的东西,例如红色的纸,则是因为纸吸收了红色以外的光,而只将红色反射出来,所以我们的眼睛才能接收到红色光。

光的折射

光从某一种物质斜射入另一种物质时,其传播方向一般会发生变化,这种现象叫作光的折射。例如,斜放在水中的吸管看起来是弯的,就是因为光从空气进入水中改变了传播方向的缘故。

第十六章

恶臭的
大王花

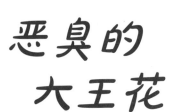

找到啦,万岁!

不是说很近吗?都走了一个小时,怎么还没有到啊?

呼呼

呼呼

从地图上来看,应该是在这附近啊……

我们该不会永远找不到吧?

住嘴,少说这种倒霉话!

大王花是寄生在藤蔓上的花,所以应该先找长着藤蔓的树。

是!

大王花应该就在这附近了!

你看,那个是藤蔓吗?

没错，那就是藤蔓，它会顺着大树，一直爬升到树顶上去呀！

它们会吸取树木的养分，甚至会使树枯死呢！

简直跟小志一样。

干吗把我们比喻在一起啊！

你一直猛吃，简直就像强盗！

叔叔自己不也常常到我家来蹭饭吃吗！

你们两个是半斤对八两！

啊，是大王花！

在哪儿？

那边也有！

顺着草丛就可以隐约看到。

那么要是越过这片草丛的话……

哇

啊

160

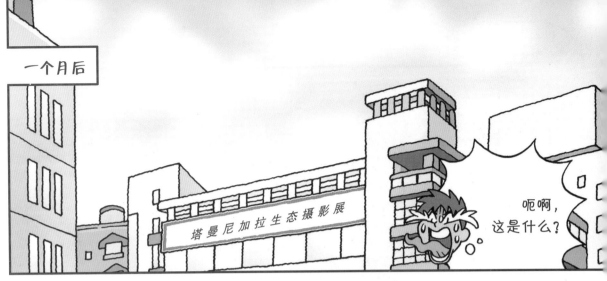

一个月后

塔曼尼加拉生态摄影展

呃啊，这是什么？

说什么有我的照片，结果完全是让我丢脸嘛！

照片本来就是越真实越好！

我居然笨到相信你！

不过你应该没忘记我们的约定吧？

什么约定？

逼近

不是说只要带你去雨林，你们就介绍艾美的阿姨给我吗？

有……有这种约定吗……

生气

你该不会想装傻吧?

不……不是啦!艾美会带她阿姨来的!

她来了! 艾美,这里!

嗬!我总算可以脱离"王老五"的身份啦!

整理

这是我阿姨,快打招呼!

你们好啊!

哇,本人比照片还要漂亮啊!

果然名不虚传,日子选什么时候好?不需要嫁妆,只要人过来就行啦!

啊?这是什么情况?

咚

妈呀!

那……肚子该不会是……

是,我的孩子就快要出生啦!

作者雨林探险
花絮

完全就是黄泥汤嘛！

快上船啦！

JERANTUT
(而连突)

坐了三个半小时，头晕！

树木为了接收阳光，都长好高啊！

Selamat Datang ke

MUTIARA TAMAN NEGARA
NATIONAL PARK RESORT

这是作者！

在而连突搭船逆着河水向上，就能抵达塔曼尼加拉度假村。

啊！

森林吊桥

原来雨林里有这么多菌类！

享受山地车运动的乐趣，
探寻丝绸之路的历史与古迹！

飞翔的梦想可以成真！

乘着热气球，探索令人
惊奇的高空世界！

充满挑战与刺激的
"白色沙漠"！

一起潜入海底，寻找宝物吧！

在波涛汹涌的大海上，
随时迎接险恶的挑战！

著作权登记号:皖登字 1201500 号

레포츠 만화 과학상식 6: 열대정글 탐험하기

Comic Leisure Sports Science Vol. 6: Exploring the Jungle

Text Copyright ⓒ 2004 by Hong, Jae-Cheol, Park, Ea-Ra

Illustrations Copyright ⓒ 2004 by Yu, Byung-Yun

Simplified Chinese translation copyright ⓒ 2019 by Anhui Children's Publishing House

This Simplified Chinese translation is arranged with Ludens Media Co., Ltd.

through Carrot Korea Agency, Seoul, KOREA

All rights reserved.

图书在版编目(CIP)数据

热带雨林大探险 / [韩]洪在彻,[韩]朴爱罗编文;
[韩]俞炳润绘;林虹均译. —合肥:安徽少年儿
童出版社,2008.01(2019.6 重印)
(科学探险漫画书)
ISBN 978-7-5397-3455-2

Ⅰ. ①热… Ⅱ. ①洪… ②朴… ③俞… ④林… Ⅲ. ①热带雨林 –
探险 – 少年读物 Ⅳ. ①S718.54-49

中国版本图书馆 CIP 数据核字(2007)第 200134 号

[韩]洪在彻　　[韩]朴爱罗 / 编文
[韩]俞炳润 / 绘
林虹均 / 译

KEXUE TANXIAN MANHUA SHU REDAI YULIN DA TANXIAN

科学探险漫画书·热带雨林大探险

出 版 人:徐凤梅	版权运作:王 利　古宏霞	责任印制:朱一之
责任编辑:王笑非　丁 倩　曾文丽　邵雅芸		责任校对:冯劲松
装帧设计:唐 悦		

出版发行:时代出版传媒股份有限公司　http://www.press-mart.com

安徽少年儿童出版社　E-mail:ahse1984@163.com

新浪官方微博:http://weibo.com/ahsecbs

(安徽省合肥市翡翠路 1118 号出版传媒广场　邮政编码:230071)

出版部电话:(0551)63533536(办公室)　63533533(传真)

(如发现印装质量问题,影响阅读,请与本社出版部联系调换)

印　　制:合肥远东印务有限责任公司

开　　本:787mm×1092mm　1/16　　　印张:11　　　字数:140 千字

版　　次:2008 年 3 月第 1 版　　　2019 年 6 月第 5 次印刷

ISBN 978-7-5397-3455-2　　　　　　　　　　　定价:28.00 元